BEI GRIN MACHT SICH IHR WISSEN BEZAHLT

- Wir veröffentlichen Ihre Hausarbeit,
  Bachelor- und Masterarbeit

- Ihr eigenes eBook und Buch -
  weltweit in allen wichtigen Shops

- Verdienen Sie an jedem Verkauf

Jetzt bei www.GRIN.com hochladen
und kostenlos publizieren

Bibliografische Information der Deutschen Nationalbibliothek:

Die Deutsche Bibliothek verzeichnet diese Publikation in der Deutschen National-
bibliografie; detaillierte bibliografische Daten sind im Internet über http://dnb.d-
nb.de/ abrufbar.

Impressum:

Copyright © 2008 GRIN Verlag, Open Publishing GmbH
Druck und Bindung: Books on Demand GmbH, Norderstedt Germany
ISBN: 9783640505098

Dieses Buch bei GRIN:

http://www.grin.com/de/e-book/141634/physikalische-verwitterung

Vincent Große

Physikalische Verwitterung

GRIN Verlag

GRIN - Your knowledge has value

Der GRIN Verlag publiziert seit 1998 wissenschaftliche Arbeiten von Studenten, Hochschullehrern und anderen Akademikern als eBook und gedrucktes Buch. Die Verlagswebsite www.grin.com ist die ideale Plattform zur Veröffentlichung von Hausarbeiten, Abschlussarbeiten, wissenschaftlichen Aufsätzen, Dissertationen und Fachbüchern.

Besuchen Sie uns im Internet:

http://www.grin.com/

http://www.facebook.com/grincom

http://www.twitter.com/grin_com

Martin-Luther-Universität Halle-Wittenberg

Physikalische Verwitterung

vorgelegt von: Vincent Große

Naturwissenschaftliche Fakultät III
Institut für Geowissenschaften

Halle/Saale, 30.01.2008

Gliederung.

Seite

1. Einleitung: Was ist Verwitterung?   03
2. Arten der Verwitterung, eine Übersicht.   04
3. Physikalische Verwitterung als Prozess.   07
4. Produkte der Verwitterung.   09
5. Schlussanmerkung.   10
6. Literaturverzeichnis.   11

1. Einleitung: Was ist Verwitterung?

Verwitterung, nach ihrer Art in biologische, physikalische (mechanische) oder chemische Verwitterung unterschieden, umfasst alle Veränderungen anorganischen und manch totem organisch entstandenen Materials, ist also für Muschelschale genauso kennzeichnend wie für Gesteine. Während die physikalische Verwitterung Prozesse beschreibt, die die Korngröße, den Zusammenhalt und die Oberflächenbeschaffenheit des Gesteins verändert, bezeichnet die biologische Verwitterung Prozesse, die durch das Wirken der Organismen gekennzeichnet sind. Hierunter gehört das Dickenwachstum von Pflanzenwurzeln aber auch die Besiedelung des Gesteins mit einer Flechte. Die chemische Verwitterung beschreibt Prozesse, die die stofflichen Veränderungen des Materials betreffen. Hier kann es zur Zersetzung der Substanzen und zur Bildung neuer chemischer Verbindungen kommen (AHNERT 2003 S.91).

In natürlichen Prozessen wirken alle drei Formen der Verwitterung nebenher. Je nach klimatischen Faktoren dominiert eine Form, wird aber meist durch die Prozesse einer anderen Form ergänzt.

Die physikalische Verwitterung, mit der sich diese Arbeit näher befassen soll, wird nochmals in vier Arten untergliedert, die erklären, durch welchen Einfluss Verwitterung stattfindet. Auch hier können oft keine klaren Grenzen zwischen den einzelnen Arten gezogen werden. Die geographische Lage und die klimatischen Verhältnisse bestimmen die vorherrschende Art.

Das Gefüge aller drei Verwitterungsarten bildet dabei ein System, das durch den Zerfall des Gesteins eine Verwitterungsdecke aus Gesteinsbruchstücken bildet. Diese bedeckende Schicht ist nach ihrer Korngröße klassifiziert und schützt nun die darunter gelegene Gesteinsschicht vor weiterer Verwitterung, sie heißt Saprolith. Darauf befindet sich eine weitere Schicht, der Regolith, eine Lockermaterialschicht, deren oberer Teil der Boden ist. Dieser wird wiederum in verschieden viele Horizonte gegliedert (ebd S.113). Die durch Verwitterung bereit gestellten Materialien können nun durch Wasser, Wind oder gravitative Massenbewegungen verlagert werden.

Rein mechanisch vergrößert sich die Gesamtoberfläche der Teilchen durch Verwitterungsprozesse (ZEPP 2002, S.81). Der Boden, hier ist die Teilchenoberfläche am größten, in seinen vielfältigen Formen stellt also ein Produkt aus den Faktoren biologische, physikalische und chemische Verwitterung dar und ist das Anpassungsergebnis der an der Erdoberfläche gegebenen Witterungsverhältnisse und Umweltbedingungen.

Angemerkt sei an dieser Stelle, dass es bei meinen Recherchen zum Thema in den einzelnen Werken zu teilweise erheblichen Abweichungen der Einteilung und Aufgliederung der Verwitterungsarten kam oder diese sich überschnitten, was wohl darauf zurück zu führen ist, dass diese Einteilung ein wissenschaftliches Konstrukt darstellt. Meine Gliederung soll sich größtenteils am AHNERT 2003 orientieren.

2. Arten der Verwitterung, eine Übersicht.

Verwitterung durch Druckentlastung & Abkühlung.

Annährend konstant hohe Temperaturen und Druck durch überlagernde Schichten sind zumeist Bildungsbedingungen von Magmen in hunderten Metern Tiefe. Die an der Erdoberfläche bestehenden Temperatur- und Druckverhältnisse jedoch entsprechen nicht den Bildungsbedingungen der Gesteine. Unter dem Einfluss der Atmosphäre sind sie nunmehr den häufigen, in Intervallen stattfindenden Temperaturwechseln ausgesetzt. Durch die Druckentlastung entstehen Spannungen, es kann zur Abschuppung, der Exfoliation, kommen (ZEPP 2002, S.83).

Temperatur- / Insolationsverwitterung.

Durch starke, rasche oder häufige Temperaturwechsel während des Tages- bzw. des Jahresverlaufs entstehen Spannungen zwischen Sonnen- und Schattenseite, bzw. zwischen Oberfläche und dem Inneren des Gesteins, die durch Volumenänderungen, also durch Expansion und Kontraktion des Materials bedingt sind. Diese Temperaturwechsel können eine Differenz von 40 bis zu 100°C betragen (AHNERT 2003, S.93). Hierdurch kommt es zur Lockerung des Mineralgefüges und zum Gesteinszerfall an der Gesteinsoberfläche. In tieferen Schichten nimmt die Expansion und Kontraktion des Gesteins exponentiell ab. Einen halben Meter unter der Oberfläche sind Tagesschwankungen nahezu ausgeglichen, Jahresschwankungen bei ca. fünf bis zehn Metern. Eine Regolithbedeckung der Gesteinsoberfläche schützt je nach ihrer Mächtigkeit die darunter gelegene Gesteinsschicht vor weiterer Verwitterung, ist jedoch selbst direkter maximaler Verwitterung ausgesetzt, wie freiliegende Felsflächen. Es bilden sich Risse im Gestein. Nach ZEPP (2002, S.84) mit Verweis auf BLACKWELDER und GRIGGS, die in den 30er Jahren des 20. Jahrhunderts zur Insolationsverwitterung Laborversuche mit höheren als in der Natur vorkommenden Temperaturamplituden durchführten, sei Temperaturwechsel alleine nicht verwitterungswiksam, sondern nur in Verbindung mit Wasser. GOUDIE (2002, S.197) bekräftigt diese Aussage mit der Anmerkung, dass es neuere Experimente gäbe und diese Gesteinssprünge im Mikrogefüge gezeigt hätten. Besonders in Gebieten mit strahlungsintensivem Klimate, bei eher dunklem Gestein, in Wüsten oder tropischen Hochgebirgen ist diese Art der Verwitterung dominant bezüglich der im Folgenden erläuterten (AHNERT 2003, S.93).

Frostverwitterung (Frostsprengung, Kryoklastik).

Die wie bei der Temperaturverwitterung entstandenen Risse im Gestein sind nun mit Wasser gefüllt, nach GOUDIE (2002, S.140) der wesentlichste limitierende Faktor. Da aber zusätzlich bei dieser Form der Verwitterung der Gefrierpunkt immer wieder unterschritten wird, die Anzahl der Frostwechsel ist entscheidender für die Verwitterung als die Dauer des Frostes, kommt es zur Volumenvergrößerung des Wassers um ca. 10% (9% nach GOUDIE 2002, S.139) des eigenen Volumens. Hinzu kommt die Volumenveränderung des

Gesteins. Die Amplitude der Temperaturschwankung ist bezüglich der Temperaturverwitterung kleiner. In Gebieten mit häufigen Frostwechselperioden ist die Verwitterungsrate wesentlich erhöht, die Frostsprengung die dominierende Art, zum Beispiel in Gebirgen der mittleren Breiten ist die Verwitterungsrate höher als in extrem kalten Polargebieten. Das sich ausdehnende Eis gefriert an oberflächennahen Gesteinsschichten eher als in tieferen Schichten, verschließt so die Öffnungen des Hohlraums und übt Druck auf das flüssige Wasser darunter aus. Dieser Druck wird als kryostatischer Druck bezeichnet und wird in sämtliche mit Wasser gefüllten Hohlräume fortgesetzt, so dass die Sprengkraft des Wassers überall dort stattfindet, wo kleine Kanäle bis an obere Schichten des Gesteins reichen, also durchaus auch weit im Inneren des Gesteins. Das als Frosthub an Asphaltstraßen bekannte Phänomen ist ein Resultat aus der Bildung von Eislinsen, die die darüber liegenden Schichten anheben. Hier kommt es zur Kondensation der sich im Boden befindenden Wassers und anschließendes Gefrieren (AHNERT 2003, S.94).

Salzsprengungsverwitterung.

Wenn das Wasser in den Poren verdunstet, werden die darin gelösten Salze ($NaCl$, Na_2CO_3, $MgSO_4$) in kristalliner Form ausgeschieden. Kommt es nun zu erneuter Durchfeuchtung und Austrocknung, wird der Kristallisationseffekt verstärkt, die Salzkristalle dehnen sich aus. Es kommt durch mechanischen Druck, der Kristallisationsdruck des Salzes überschreitet die Dehnbarkeit des Gesteins, zur Erweiterung von Gesteinsrissen und zum Herauslösen von Mineralkörnern (AHNERT 2003, S.94). Besonders häufig findet man Salzverwitterung in ariden Gebieten mit hoher Evaporation, periodischer Durchfeuchtung, ausgeprägten Temperaturschwankungen und an Stellen, denen künstlich viel Salz zugeführt wird, zum Beispiel durch Streusalz, Spritzwasser oder Abgase.

Quellung, Schrumpfung und Slaking.

Durchfeuchtung und Austrocknung bewirken bei quellfähigem Material, zum Beispiel Ton, Volumenzunahme/Quellung bzw. Volumenminderung/Schrumpfung. Es kommt zu Trockenrissbildungen, an denen erneutes, tieferes Eindringen des Wassers möglich ist. Dieser Prozess des Zerfalls des Gesteins durch Quellung wird auch als Slaking bezeichnet (AHNERT 2003, S.95).

Biogene Verwitterung (durch Organismen).

Ein Beispiel für Verwitterung durch Organismen ist die Wurzelsprengung beim Dickenwachstum von Pflanzenwurzeln. Der dabei entstehende mechanische Druck verstärkt die unter 2.1. bis 2.4. beschriebenen Verwitterungsformen. In dem Wurzeln in Gesteinsrisse eindringen, kann es zum Verschieben großer Gesteinsblöcke kommen.

Ein anderes Beispiel ist die Besiedelung von Gesteinsoberflächen durch Organismen, zum Beispiel einer Flechte. Der entstehende Farbkontrast, also die verschieden starke Absorption der Sonnenstrahlung, bewirkt ein unterschiedlich großes Erwärmen der oberen Gesteinsschicht, so dass sich das Gestein unterschiedlich stark ausdehnt. Es kommt zu wie im Kapitel 2.1. beschriebenen Effekt der Temperaturverwitterung.

Aber auch Aktivitäten des Menschen (Versiegelung durch Straßenbau, Steinbrüche, Be- und Entwässerung, Entwaldung, u.a.) seien unter diesem Punkt zu nennen (ebd S.95).

3. Physikalische Verwitterung als Prozess.

Im Folgenden sollen nur kurz Prozesse der physikalischen Verwitterung genannt werden.

Körniger Zerfall.

Die Beseitigung des Bindemittels zwischen den einzelnen Körnern des Gesteins, zum Beispiel Granit oder Sandstein, gilt als Ursache für den körnigen Zerfall.

Am Beispiel des Sandsteins, dessen Mineralkörner sich nahezu gleichmäßig expandieren bzw. kontrahieren, da sie nur aus Quarz bestehen, kann gezeigt werden, dass die Beseitigung des Bindemittels zwischen den einzelnen Körnern ursächlich für die Zersetzung des Gesteins ist. In den Poren wird Wasser gespeichert, hier kann es folglich zur Frostsprengung kommen. Die durch den Expansionsdruck aus dem Gesteinsverband gelösten Körner werden durch Wind oder Niederschlagswasser fortgeführt (AHNERT 2003, S.99).

Blockzerfall.

Durch massive Klüftung des Felsgesteins, zum Beispiel durch Frostsprengung, kommt es durch immer weiter zunehmende Verwitterung zum Zerfall des Gesteins in einzelne Blöcke. Diese Klüftung verläuft meist Quaderförmig, wie man es auch im Elbsandsteingebirge vorfindet. In der Folge kann es dann durch weitere Prozesse der Verwitterung zur Instabilität und zum Abstürzen dieser Gesteinsblöcke kommen (AHNERT 2003, S.99f).

.

Schiefriger Zerfall.

Schiefriger Zerfall wirkt an den Schichtfugen der Gesteinsplatten, die, ähnlich dem Blockzerfall, eine Diskontinuität im Gestein darstellen. Sediment- und transportbedingte Ablagerungen ermöglichen einen starken Zusammenhalt innerhalb der einzelnen Schichten, jedoch ist der Zusammenhalt zu anderen Schichten (Ton, Sand oder Schluff) relativ gering. So kommt es zum parallelen Zerfall des Gesteins entlang dieser Schichtfugen (ebd. S.101).

.

Feinabschuppung vs. Grobabschuppung.

Besonders durch starke Insolation kommt es zum Ausdehnen der oberen Gesteinsschichten, wegen der schlechten Wärmeleitfähigkeit des Materials, wie schon unter 2.2. beschrieben wurde. Hier entstehen Scherspannungen zwischen expandiertem oberflächennahen Material und den darunter liegenden Schichten. Es entstehen Risse in der äußeren Gesteinsschicht und es kann zum Abblättern der Oberfläche kommen, deshalb wird in diesem Zusammenhang oft von thermischer Exfoliation gesprochen (ebd. S.104). Durch die in 2.1. beschriebene Verwitterung durch Druckentlastung (nach ZEPP) kann eine grobe Abschuppung des Materials bewirken. Die Ausdehnung des Gesteins geschieht durch Entlastungsklüfte, diese verlaufen zumeist parallel zur Oberfläche. Die entstehenden Schalen lösen sich von darunter liegenden Schichten. Diese bilden nun die Oberfläche und dehnen sich in Richtung der Druckentlastung hin aus. Hier sei erwähnt, dass diese Exfoliation durch Druckentlastung also nicht von atmosphärischen Bedingungen abhängig ist (AHNERT 2003, S.105). Erst wenn die äußere Schale sich löst, folgt hier im Sinne von ZEPP das Einwirken atmosphärischer Einflüsse, die unter 2.1. genannten Frostwechsel.

Die Begriffe Exfoliation und Desquamation werden in der Literatur weitgehend synonym verwendet, die beide das Ablösen der äußeren wenige Millimeter bis mehrere Zentimeter mächtigen Gesteinsschalen bezeichnet.

4. Produkte der Verwitterung

Der Vollständigkeit halber soll in diesem Abschnitt ein kurzer Überblick über Produkte der physikalischen Verwitterung aufgezeigt werden, um zu verdeutlichen, dass es sich bei dem Verwitterungsprozess um einen komplexen Sachverhalt handelt, der eng verbunden ist mit Denudation, Erosion und Bodenbildung.

Durch die vielfältigen Verwitterungsprozesse veränderte Gesteinsmaterial bedeckt das darunter liegende Gestein als Schuttdecke verschieden starker Korngrößen. Hier werden vier große Körnungsklassen unterschieden, die sich wiederum in Unterklassen kategorisieren: Ton, Schluff, Sand und das Bodenskelett (AHNERT 2003, S.114).

Der durch die Schwerkraft bedingte Transport von Schuttmaterial kategorisiert denudative Massenbewegungen in Sturz- und Rutschungsdenudation. Des Weiteren erfolgt die Abtragung durch Gletschereis, durch Abfluss von Niederschlagswasser oder durch den Wind. Dabei addieren sich physikalische Kräfte, wie Scherkräfte, Neigungswinkel oder Reibung. Parallel dazu finden chemische und physikalische Verwitterungsprozesse statt.

Welcher Bodentyp sich nun bilden mag, ist ebenfalls abhängig von vielen Faktoren, genannt seien hier die wichtigsten: das Mikroklima, die Gesteinsart, die Vegetation, Einflüsse des Menschen und auch der Tiere, insbesondere auch der Mikroorganismen. So bildete sich im Erzgebirge oder im Böhmerwald Podsol als Folge kühler Feuchtklimate der Mittleren Breiten, in weiten Teilen der feuchten Tropengebiete sind Roterden weit verbreitet.

5. Schlussanmerkung.

Für die Landwirtschaft ist der Bodentyp von besonderer, existenzieller Bedeutung. Nur an Orten (zum Beispiel Bördelandschaften), die optimale Bedingungen für das Kultivieren von Pflanzen bieten, können höchste und ökonomisch optimierte Erträge erzielt werden. Die durch die Verwitterung entstandenen Böden und deren Nutzung bestimmten in der Vergangenheit über Reichtum und Armut, Hunger und Leid. Die Eigenschaften des Bodens sind also für den Menschen von relevanter Bedeutung. Für des Menschen künstlich Geschaffenes bedeutet Verwitterung allerdings ein erheblich hohes Risiko: seine Gebäude, Straßen und Kunstschätze sind den Verwitterungsverhältnissen ausgesetzt, da Verwitterung zu jeder Zeit stattfindet. Besonders stark betroffen sind besonders verwitterungsanfällige Bausubstanzen, das wohl berühmteste Beispiel ist wohl der Kölner Dom, der größtenteils aus Sandstein gefertigt wurde. Durch die relativ großen Poren kann das Wasser besonders leicht in das Innere des Gesteinsgefüges eindringen. Es kommt anschließend zumeist durch Frostsprengung zum Zerfall. In Folge dessen müssen jährlich enorme Mengen an Geldern zur Denkmalpflege und Erhaltung von Gebäuden sowie zur Reparatur von Straßen aufgewandt werden, denn auch sie stellen eine große Unfallgefahr dar. Andererseits bilden in unserer heutigen Zeit Gebirgsregionen mit ihren Verwitterungsspuren einen erheblichen Wirtschaftszweig in der Tourismusbranche. Sie werden beschrieben als bizarre Landschaften oder einzigartige Naturphänomene. Sie ziehen so Gäste aus vielen Ländern an, wie es zum Beispiel im Elbsandstein- oder Erzgebirge der Fall ist.

6. Literaturverzeichnis.

- AHNERT, Frank: Einführung in die Geomorphologie, Ulmer Verlag Stuttgart, 2003
- GOUDIE, Andrew: physische Geographie, eine Einführung, 4.Aufl., Spektrum Verlag Berlin, 2002
- ZEPP, Harald: Geomorphologie, Schöningh Verlag Paderborn, 2002

BEI GRIN MACHT SICH IHR WISSEN BEZAHLT

- Wir veröffentlichen Ihre Hausarbeit, Bachelor- und Masterarbeit

- Ihr eigenes eBook und Buch - weltweit in allen wichtigen Shops

- Verdienen Sie an jedem Verkauf

Jetzt bei www.GRIN.com hochladen und kostenlos publizieren